MW01229120

Arnol Enrique Izaguirre Blanco

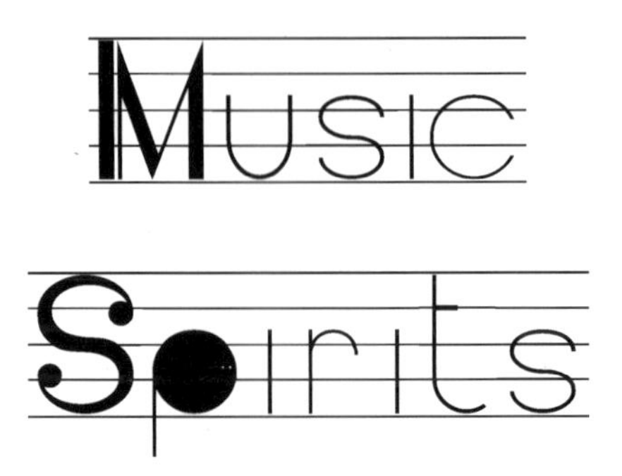

BARKERBOOKS

Arnol Enrique Izaguirre Blanco

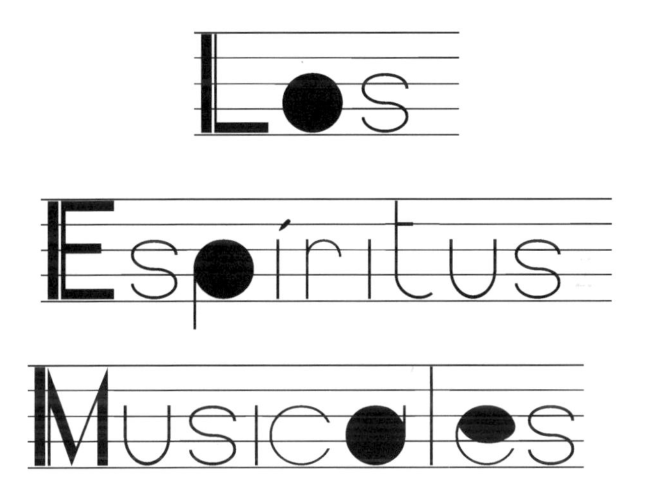

BARKERBOOKS

BARKERBOOKS

LOS ESPÍRITUS MUSICALES / MUSICAL SPIRITS

Edición: ALEXIS GONZÁLEZ |BARKER BOOKS™
Diseño de Portada: JOSÉ LUIS CHÁVEZ| BARKER BOOKS™
Diseño de Interiores: MIGUEL MORENO ANDA | BARKER BOOKS™

Primera edición. Publicado por BARKER BOOKS®

Ebook ISBN: 979-8-89204-264-2
Paperback ISBN: 979-8-89204-265-9
Hardback ISBN: 979-8-89204-266-6

Derechos de Autor - Número de control Library of Congress: 1-13097622141

Barker Publishing, LLC
500 Broadway 606, Santa Monica, CA 90401
https://barkerbooks.com
publishing@barkerbooks.com

BARKERBOOKS

LOS ESPÍRITUS MUSICALES / MUSICAL SPIRITS

Edition: ALEXIS GONZÁLEZ |BARKER BOOKS™
Book Cover Design: JOSÉ LUIS CHAVEZ | BARKER BOOKS®
Book Interior Layout: MIGUEL MORENO ANDA | BARKER BOOKS®

First Edition. Published by BARKER BOOKS®.

Ebook ISBN: 979-8-89204-264-2
Paperback ISBN: 979-8-89204-265-9
Hardback ISBN: 979-8-89204-266-6

Library of Congress Copyrights Control Number: 1-13097622141

Barker Publishing, LLC
500 Broadway 606, Santa Monica, CA 90401
https://barkerbooks.com
publishing@barkerbooks.com

ACKNOWLEDGMENTS

To my son, Gabriel Izaguire, the love of my life.

To Fabián Garantiva, who always believed in this project and promoted it in different ways, as well as Erick Carbono and Sonia Cotes, my friend.

To my engineering professor and friend, Deimer Vergel, who was my great support in college.

To Javier Santaolalla, physicist, engineer, Ph.D. in particle physics, and Spanish science popularizer, who made me expand my knowledge with his colloquial language.

AGRADECIMIENTOS

A mi hijo, Gabriel Izaguire, el amor de mi vida

A Fabián Garantiva, quien siempre creyó en este proyecto y lo impulsó en diferentes maneras, Erick Carbono, y Sonia Cotes, mi amiga.

A mi profesor de ingeniería y amigo, Deimer Vergel, quien fue mi gran apoyo en la universidad.

A Javier Santaolalla, físico, ingeniero, doctor en física de partículas y divulgador científico español quien me hizo expandir el conocimiento con su lenguaje coloquial.

PROLOGUE

Music operates under its own terms, cadences, rhythms, and codes, making it one of the most powerful and unique languages. It is enough to delve into its chords, tones, and melodies to know that we are in front of a different reality that touches our most sensitive fibers and fosters our most immediate curiosity.

As a child, who didn't find an interest in the world of music awakened by a piano, a flute, or a tambourine? Or perhaps, as an adult, hearing the chord of our favorite song opened up a universe full of emotion and memories? However, it is also valid to recognize that many of us see musicians as geniuses, as magicians with the key to open portals with their musical notes, or as mathematicians gifted with the talent to speak a universal language. This language might seem incomprehensible, but we all understand it as soon as the first tone reaches our ears.

On the other hand, every human being has been mesmerized by the space that unfolds above our heads. The planets, nebulae, and constellations that flood the universe have also been a source of inspiration for the imagination. Are there any two subjects so fascinating, so enigmatic, yet resonating in every heart? Throughout cultural history, few works—whatever their nature—have been able to thread together such themes and also make a field of tension appear

PRÓLOGO

En la realidad hay pocos lenguajes tan poderosos y únicos como la música misma, la cual opera bajo sus propios términos, cadencias, ritmos y códigos. Basta con adentrarnos en sus acordes, tonos, melodías, para saber que estamos frente a una realidad distinta, una que toca nuestras fibras más sensibles, pero también propicia nuestra curiosidad más inmediata.

¿A quién no, de niño, un piano, una flauta o un pandero le despertaron un interés por conocer el mundo de la música? ¿O quizá ya de adulto, al escuchar el acorde de nuestra canción favorita, se abrió un universo repleto de emoción y recuerdos? Sin embargo, también es válido reconocer que muchos de nosotros vemos a los músicos como genios, como magos que tienen la llave para abrir portales con sus notas musicales o como matemáticos dotados de talento para hablar un lenguaje universal, un lenguaje que podría parecer incomprensible pero que todos entendemos al primer tono que llega a nuestros oídos.

Por otro lado, todo ser humano ha quedado hipnotizado por el espacio que se despliega sobre nuestras cabezas. Los planetas, nebulosas y constelaciones que inundan al universo también han sido un motivo de inspiración para la imaginación. ¿Acaso hay dos temas tan fascinantes, tan enigmáticos, pero que resuenen en cada corazón? A lo largo de la historia cultural, pocas obras —cual sea su naturaleza— han sido capaces de hilvanar tales temas y además hacer que

as a result of their meeting zones. What else could have the power of the following story, dear reader?

In a world where music was the essence of life itself, five spirits, G#, A#, F#, C#, and D#, conspired in envy-laden whispers. Their prideful voices reverberated like an off-key echo in the vast spectrum of harmony surrounding them. Each spirit coveted the throne of music, believing that its tone should prevail over all others. But how could they converge into a single melody without fracturing the sublime harmony that had existed since the beginning of time?

Thus, the seed of discord germinated in the hearts of these spirits, soon known as the "Sustained Notes." Envy spread like an icy wind, and while the music continued to flow in its natural state, these malevolent entities conspired in the shadows to strip the essence from the other sounds. With dark thoughts and selfish desires, they were bent on distorting the melody they had helped forge once.

While the Sustained Notes conspired, the other tones continued to weave their celestial melody, oblivious to the sinister threat that loomed over them. Their hymn resounded like a song of peace and joy, nurturing the very nature that surrounded them.

The fate of music hung in the balance as harmony and dissonance battled. Would the Sustained Notes succeed in their evil purpose, or would they find the strength to restore the lost melody?

In the following pages, I invite you to immerse yourself in this chronicle of battle and redemption, where music is more than an art; it is a force that can unite, divide, create, and destroy. Join the notes in their search for lost harmony

un campo de tensión aparezca como resultado de sus zonas de encuentro. ¿Qué otra cosa podría tener la potencia de la historia que se te presenta a continuación, lector?

En un mundo donde la música era la esencia de la vida misma, cinco espíritus, SOL#, LA#, FA#, DO# y RE#, conspiraban en susurros cargados de envidia. Sus voces soberbias reverberaban como un eco desafinado en el vasto espectro de la armonía que los rodeaba. Cada espíritu ambicionaba el trono de la música, creyendo que su tono debía prevalecer sobre todos los demás. Pero, ¿cómo podrían converger en una única melodía sin fracturar la sublime armonía que había existido desde el inicio de los tiempos?

Así, la semilla de la discordia germinó en los corazones de estos espíritus, que pronto serían conocidos como los "Tonos Sostenidos". La envidia se extendió como un gélido viento, y mientras la música seguía fluyendo en su estado natural, estos seres oscuros conspiraban en las sombras, tratando de arrancar la esencia de los otros tonos. Con pensamientos oscuros y deseos egoístas, se empeñaron en distorsionar la melodía que habían ayudado a forjar.

Mientras los Tonos Sostenidos conspiraban en la penumbra, los demás tonos continuaban tejiendo su celestial melodía, ignorantes de la siniestra amenaza que se cernía sobre ellos. Su himno resonaba como una canción de paz y alegría, nutriendo la naturaleza misma que los rodeaba.

La batalla entre la armonía y la disonancia estaba en su punto culminante, y el destino de la música pendía de un hilo. ¿Lograrían los Tonos Sostenidos cumplir su malévolo propósito, o encontrarían la fuerza para restaurar la melodía perdida?

and discover if they have the power to restore the beauty of the music they once knew. Prepare for a journey that will take you through the tones and sighs of a world where music is the very essence of life. Redemption is within the reach of those who struggle to restore harmony, and in these pages, you will find proof that even in the darkest of times, the light of music can shine brightly. Are you ready to join the quest for musical redemption in this vibrant and magical world?

This work by Arnol Izaguirre has the merit of presenting a story full of imagination, creativity, and erudition, but also the talent to introduce us to a world through his pen; it feels like going hand in hand with an enthusiast of the universe. Sometimes, certain readers may classify the most creative and unique works under the category of children's and young adult literature, which is a great starting point. However, it's important to remember that stories can become part of the universal cultural heritage by capturing children's and adults' hearts and becoming literature for everyone. These stories disregard social barriers and enchant listeners and readers with melodies and whispers that reveal truths about our reality unlike any other. We hope this book, *Music Spirits,* has much to tell this generation and those who follow.

En las páginas que siguen, te invito a sumergirte en esta crónica de lucha y redención, donde la música es más que un arte, es una fuerza que puede unir y dividir, crear y destruir. Acompaña a los tonos en su búsqueda de la armonía perdida y descubre si tienen el poder de restaurar la belleza de la música que una vez conocieron. Prepárate para un viaje que te llevará a través de las notas y los suspiros de un mundo donde la música es la esencia misma de la vida. La redención está al alcance de aquellos que luchan por restaurar la armonía, y en estas páginas, encontrarás la prueba de que incluso en los momentos más oscuros, la luz de la música puede brillar con intensidad. ¿Estás listo para unirte a la búsqueda de la redención musical en este mundo vibrante y mágico?

Esta obra de Arnol Izaguirre tiene el mérito de presentar una historia repleta de imaginación, de creatividad, de erudición, pero también de talento para darnos a conocer un mundo a través de su pluma, se siente como ir de la mano de un entusiasta del universo. A veces tiende a pasar que ciertos lectores pueden clasificar a las obras más creativas y únicas bajo la categoría de literatura infantil y juvenil, lo cual es un estupendo punto de partida; no obstante, también es oportuno recordar que, en ocasiones, dichas historias pasan a ser parte del acervo cultural universal, pues enamora a chicos y grandes, de ese modo convirtiéndose en literatura para todas y todos, no entienden de barreras sociales, son historias que enamoran a cualquiera que se acerque a ellas, pues oirán, con melodías y susurros, verdades que explican nuestra realidad mejor que nadie. Esperamos que *Los espíritus musicales* tengan mucho que contar a esta generación y a las que siguen.

DEDICATION

This book is dedicated to my son Gabriel Izaguirre, my pride and joy, and to all those special, unique, and inclusive people with a vast and incredible universe to explore and discover.

To my nephews, Mattías Sarmiento, Dayanna Molina, Alejandro Abello, Jhonier Abrill, Karelis Araujo, Ancizar Sánchez, Mariluz, Marisol, Ovier, and Eduardo, who I thought of and imagined reading each page written here.

To Wilson Izaguirre, my father, who from somewhere in the universe, gave me the necessary energy to carry out this project, and my mother, Dalgis Blanco, eagerly awaiting the completion of this work.

To my siblings Sandra Abello, Jhon Abello, Esneider Izaguirre, Jorge Iván Camargo, Janeyis Izaguirre and Ledis Izaguirre.

DEDICATORIA

Este libro está dedicado a mi hijo Gabriel Izaguirre, quien es mi orgullo y mi gozo, y a todas esas personas especiales, únicas e inclusivas con un vasto y maravilloso universo por explorar y descubrir.

A mis sobrinos, Mattías Sarmiento, Dayanna Molina, Alejandro Abello, Jhonier Abrill, Karelis Araujo, Ancizar Sánchez, Mariluz, Marisol, Ovier y Eduardo en quienes pensaba e imaginaba leyendo cada página aquí escrita.

Wilson Izaguirre, mi padre, quien desde alguna parte del universo me dio la energía necesaria para sacar este proyecto adelante, y a mi madre Dalgis Blanco quien esperaba con ansias la culminación de esta obra.

A mis hermanos Sandra Abello, Jhon Abello, Esneider Izaguirre, Jorge Iván Camargo, Janeyis Izaguirre y Ledis Izaguirre.

EPIGRAPH

Behave in such a way that you never feel ashamed of yourself.

True love has no design.

When a black hole traps a star, it is converted into energy. At the end of this singularity, when it passes through the blue region, it returns to what it was before. Then, it comes out recharged with stellar fuel through a new hole the color of the celestial vault in another region of the universe, burning the darkness of the sky.

ARNOL IZAGUIRRE

EPÍGRAFE

Compórtate de tal manera que nunca
sientas vergüenza de ti mismo

El verdadero amor no tiene diseño

Cuando una estrella es atrapada por un agujero negro se convierte en energía, y al final de la singularidad cuando atraviesa la región azul, vuelve a ser lo que antes era y finalmente sale recargada de combustible estelar por un nuevo agujero del color de la bóveda celeste en otra región del universo, quemando la oscuridad del cielo.

ARNOL IZAGUIRRE

INTRODUCTION

Daddy, tell me a story!

That night, after seeing every magical expression on his face, I dreamed this story, now a reality, that will take you to explore without equations a fantastic and extraordinary journey through the cosmos, learning about the structure of space-time, its dark sides and its rhythmic and harmonic dance of planets and stars; whose theory and mathematical, physical and mechanical principles made the musical notes come to life, making them a perfect symphony that resonates through hyperspace.

INTRODUCCIÓN

¡Papi cuéntame un cuento!

Esa noche, después de ver cada expresión mágica en su rostro, soñé esta historia, hoy hecha realidad, que te llevará a explorar sin ecuaciones un viaje fantástico y extraordinario a través del cosmos, conociendo así la estructura del espacio-tiempo, sus lados oscuros y su danza rítmica y armónica de planetas y estrellas; cuya teoría y principios matemáticos, físicos y mecánicos hicieron que las notas musicales cobraran vida, haciendo de ellas una sinfonía perfecta que resuena a través del hiperespacio.

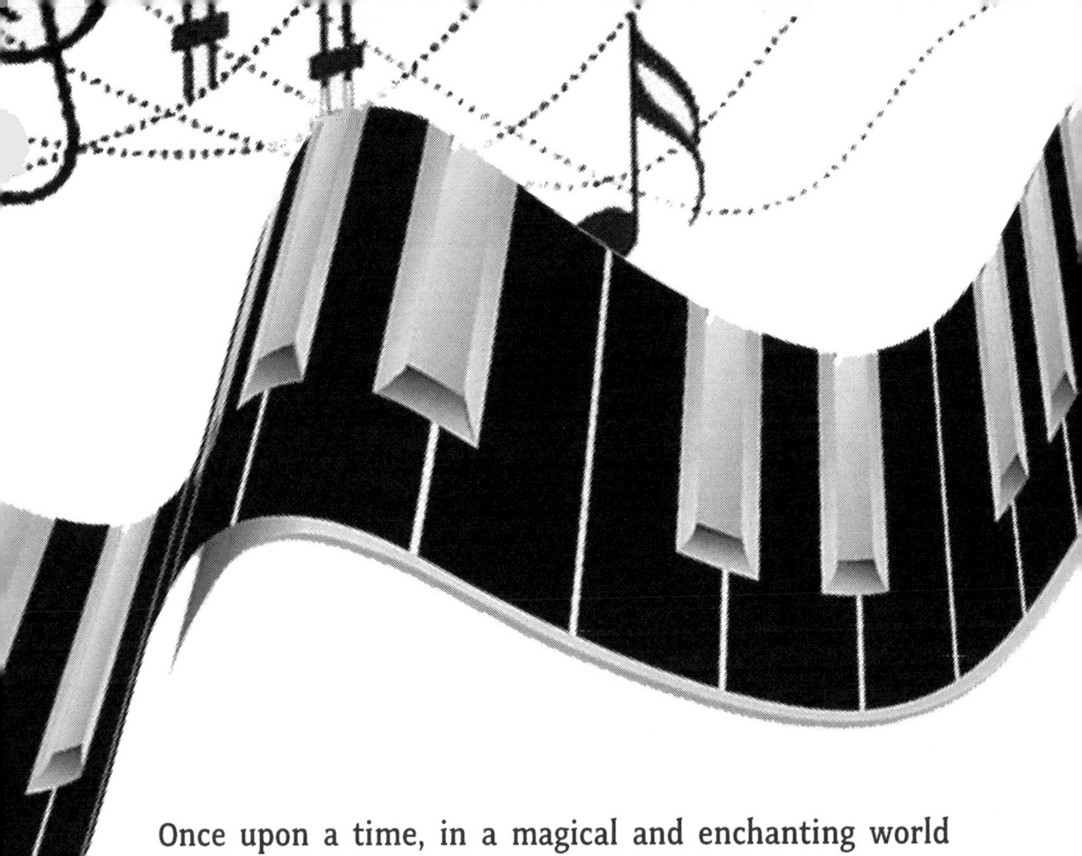

Once upon a time, in a magical and enchanting world where all the spirits of sound respected the laws of harmony, melody, and rhythm, creating an incomparable choir whose music was so pleasant that even the human ear has not been able to hear it, and if this ever happened, such beauty could never and would never be explained.

One day, five spirits were whispering among themselves when G# said haughtily.

"I am the note that makes the melody shine."

A#, in an envious manner, replied.

"How can you say that, being of such a color?"

F#, on the other hand, mocked the bad joke reflecting its greed; C# exclaimed abruptly in staccato.

"I should take command of the music because, who but me? Who makes the melody richer with the sweetness of my

Érase una vez en un mundo mágico y encantador donde todos los espíritus del sonido respetaban las leyes de la armonía, la melodía y el ritmo creando un coro inigualable cuya música era tan agradable que aun el oído humano no ha podido escuchar y si así fuera jamás y nunca se podría explicar tal hermosura.

Un día cinco espíritus susurraban entre sí cuando SOL# dijo con soberbia:

—Yo soy la nota que hace resplandecer la melodía.

LA# de una manera envidiosa le respondió:

—¿Cómo dices eso siendo de tal color?

FA#, en cambio, se burlaba del mal chiste reflejando su avaricia, DO# exclamó diciendo en alta voz y en forma de estacato:

sound." D#, full of anger, did not say a word, but deep down, it bothered it that they also had the same desires. What they did not know was that even in thoughts, whispering, and in silence, sound can be heard and appreciated. At the same time, unpleasant, distorted music was created that sounded like the friction of a knife on glass. This sound was heard by the spirit that ruled the music, whose beauty of tonality was like precious stones.

It was at that moment that darkness seeped in and took hold of those five spirits who wanted to dominate the art of music since they believed they had that right because they were the ones who sustained the other notes.

As much as they tried different rhythms, they no longer sounded in tune and pleasant, so they started looking for weaknesses in the other notes.

Meanwhile, the other notes, just by breathing, made harmony with their sounds and, in a four-four time that went like this, *C-D-E-C-A-C-G-E-F-E-D-C-D-B-C.* They intoned an angelic hymn that sounded refreshing like clear, pure water and at the same time pleasant like the laughter of a baby that went like this, *I - a - am - the - pleas - ant - no - te - to - my - ea - ea - ears.*

It was so wonderful to listen to this melody because nature itself accompanied them with its own chords.

This, in turn, increased the fury of the five spirits who demanded honors and that in addition to being addressed as "Sustained," they should also be called "Flat Notes." And they kept searching and looking for faults in the other notes to absorb their power and to recover their tuning and to be able to present themselves before the great spirit and god of

—Yo debería tomar el mando de la música porque quién, sino yo, que hago enriquecer la melodía con la dulzura de mi sonido, RE#, mojado de ira, no dijo palabra alguna pero en el fondo le molestaba que también tenía los mismos deseos. Lo que ellos no sabían, era que aun en los pensamientos, el susurro y en el silencio se puede escuchar y apreciar el sonido, al mismo tiempo se creó una música distorsionada desagradable que parecía la fricción de un cuchillo con el cristal. Esto fue escuchado por el espíritu que gobernaba la música cuya hermosura de su tonalidad era como las piedras preciosas.

Fue en ese momento que la maldad se filtró y se apoderó de esos cinco espíritus que querían dominar el arte de la música, ya que ellos creían tener ese derecho porque eran quienes sostenían a los demás tonos.

Por más que trataron en diferentes ritmos ya no sonaban afinados y agradable, así que decidieron comenzar a buscar debilidades en los demás tonos

Mientras tanto las demás notas con solo respirar hacían armonía en sus sonidos y en un ritmo de cuatro cuartos que decía así: "DO-RE-MI-DO-LA-DO-SOL-MI-FA-MI-RE-DO-RE-SI-DO", y entonaban un himno angelical que sonaba refrescante como agua en ebullición y al mismo tiempo agradable como la risa de un bebe que decía así: "Soy - la - no - ta - a - gra - da – ble - pa – ra – mis – o - i - í – dos".

Era tan maravilloso escuchar esta melodía porque la misma naturaleza los acompañaba con sus propios acordes.

Esto a su vez hacía crecer la furia de los cinco espíritus que reclamaban benevolencia y que exigían que además de apellidarse "Sostenidos", también les llamaran "Tonos bemoles". Y seguían indagando y buscando fallas en los demás

music with an offering. In their wicked desire, they sent evil thoughts to each of the notes according to their nature until the note E, with a profound voice and with a lot of power, said in a low tone:

"I should no longer be called E, but I because everything is about myself."

To which the five spirits said.

"Let's take advantage of its ego and absorb its strength," E was then brutally attacked, leaving it badly wounded and out of tune.

Instantly, its agonized and out-of-tune breathing caused the harmony of the scale to change its melodic structure, making the other beings notice that the song, although it had a rhythm, was not following the harmony and melody. And the more they complained, the more they intoned incorrect notes that distorted the melody. All this fed the malice of the five spirits, who remained determined to destroy the aural quality and harmony of the song.

The other notes, seeing the condition of E, felt fear to such an extent that D no longer wanted to breathe. Meanwhile, in its tenor voice, C said sharply and agilely.

"We must do something."

To which B responded.

"Yes!"

F a little fearfully replied.

"But we are not strong enough to face them."

Understanding, B responded.

tonos para absorber su poder y lograr recuperar su afinación y poder presentarse ante el gran espíritu y dios de la música con una ofrenda. Empeñados en su deseo inicuo, mandaron pensamientos malos a cada uno de los tonos según su naturaleza hasta que el tono MI, con una voz especialmente profunda y con mucha potencia, dijo en un tono bajo:

—Ya no debería llamarme MI, sino YO porque se trata de mí mismo.

A lo que dijeron los cinco espíritus:

—Aprovechemos un poco de su ego y absorbamos su fuerza, fue entonces cuando lo atacaron brutalmente dejándolo malherido y sin afinación.

Al instante su respiración agónica y desafinada hizo que la armonía de la escala cambiara su estructura melódica haciendo que los demás seres notaran que la canción a pesar de que llevaba ritmo, no iba acorde a la armonía y melodía. Y entre más se quejaba, entonaba notas incorrectas que seguían deformando la melodía. Esto alimentaba la maldad de los cinco espíritus que seguían empeñados en destruir la calidad auditiva y la armonía de la canción.

Las demás notas al ver la condición de MI sintieron temor hasta tal punto que RE ya no quería respirar, mientras tanto DO tenormente hablando con voz aguda y ágil dijo:

—Debemos hacer algo.

A lo que SI respondió:

—¡Sí!

FA un poco temerosa replicó:

—Pero no somos tan fuertes para enfrentarlos.

"Yes!"

"There is only one way to deal with them," exclaimed G.

Yes, B thought.

"And what should we do?" asked A.

G proposed.

"We must fly to the third heaven and try to find the High Spirit; maybe he or his son will give us a way to recover the color of E's voice and tell us how to defeat the five evil spirits."

B felt immersed in a surge of joy and exclaimed.

"Yes!" However, they did not seem to grasp the danger of such a daring act. This melodic conversation began to spread through the air and reached the ears of the five evil spirits, who planned to take advantage of B's enthusiasm and positive notes. So they decided to tempt it since they knew that B would never say no, as it was a very in-tune note.

One humid morning, the dew drops fell in a crystalline river whose waters, besides quenching thirst, lengthened life. On the magical leaves of a tree whose fruit was said to have the property of destruction, each drop that fell on the leaves removed a kind of frost that sounded melodically magical. B approached the tree to make voices with the music produced by the collision of the dew drops with the river and leaves when the five evil spirits suddenly appeared.

B, surprised, fled swiftly, moving through the wind and camouflaging itself by the matter. Still, the five evil spirits followed it in a hurry, producing at the same time distorted music that caused it a slight weakness, making it weaker and

Cayendo en cuenta, SI respondió:

—¡Sí!

—Solo hay una manera de enfrentarlos —exclamó SOL.

"Sí", pensó SI.

—¿Y qué debemos hacer? —preguntó LA.

SOL propuso:

—Debemos volar al tercer cielo y tratar de encontrar al alto espíritu, tal vez él o su hijo nos den una salida que ayude a recuperar el color de la voz de MI y nos diga cómo vencer a los cinco espíritus malignos.

SI se sintió inmerso en una oleada de alegría y exclamó:

—¡Sí! —pareciera que no dimensionase lo peligroso de aquella osadía. Esta conversación melódica empezó a propagarse por el aire y llegó a oídos de los cinco espíritus malignos quienes alertados planearon aprovecharse del entusiasmo de SI y de sus notas positivas. Así que decidieron tentarlo, puesto que sabían que SI nunca diría que no, ya que era una nota muy afinada.

Una mañana húmeda las gotas del rocío caían en un río cristalino cuyas aguas además de saciar la sed alargaban la vida, y en las hojas mágicas de un árbol del cual se dice que su fruto tenía la propiedad de la destrucción, cada gota que caía sobre las hojas le quitaba como una especie de escarcha que sonaba melódicamente mágico, SI se acercó al árbol para hacer voces con la música que producía el choque de las gotas del rocío con el río y las hojas, cuando de repente aparecieron los cinco espíritus malignos.

weaker to such an extent that the malevolent notes managed to ambush it, leaving B alone and unprotected.

Without hesitation, G# asked B.

"Are you willing to make a pact with us and be part of our music so that you will be famous and have the privilege of dominating the world?" There was a three-second silence, but as much as it wanted to endure to continue the melody, B answered with a yes.

They all fell on top of it, struggling among themselves to see who could take its strength and tuning until they succeeded, and fleeing from the scene, they left it almost breathless. Dying, it tried to crawl toward the crystalline river to drink from its magical waters and thus regain its strength, but it could not even move an inch and was left lying on the ground.

Sadly, in the same condition was E, who regretted not being able to confess its love to F, saying to itself, "So close I had you, but I could never confess my love to you."

D, F, and A hid in a cave, but the echoing sound of their voices revealed their location. Suddenly, they were surprised by the five evil spirits who became more powerful each time they stole the strength of the other notes. Instantly, a fight broke out in which D, F, and A were subdued to the point that all their energy was taken away.

F# said.

"We still need to take hold of the energy of C and G."

"Not so fast," said G#, "let's wait for G to be alone, then it will be more vulnerable."

"And where will we find it?" Asked F#.

SI, sorprendido, huyó velozmente desplazándose por el viento y camuflándose por la materia, pero los cinco espíritus malignos lo seguían a toda prisa produciendo al mismo tiempo música distorsionada que le causaba un poco de debilidad haciéndolo cada vez más y más débil hasta tal punto que lograron emboscarlo, quedando SI solo y desprotegido.

Sin vacilar, SOL# le preguntó a SI:

—¿Estás dispuesto a hacer un pacto con nosotros y ser parte de nuestra música para que seas famoso y tengas el privilegio de dominar el mundo? —hubo un silencio de tres segundos, pero por más que quiso soportar continuar la melodía, SI respondió que sí.

Todos le cayeron encima forcejeando entre ellos para ver quién lograba quitarle su fuerza y afinación hasta que lo consiguieron, y huyendo de la escena lo dejaron casi sin aliento. Moribundo, intentó arrastrarse en la dirección del río cristalino para beber de sus aguas mágicas y recuperar así las fuerzas, pero no pudo siquiera moverse un metro quedando tendido en el suelo.

Tristemente en la misma condición se encontraba MI quien se lamentaba de no haber sido capaz de confesarle su amor a FA diciéndose a sí mismo: "Tan cerca que te tuve, mas nunca mi amor confesarte pude".

RE, FA y LA se escondieron en una cueva, pero el sonido del eco que producían sus voces revelaron su ubicación. De repente fueron sorprendidos por los cinco espíritus malignos quienes se hacían más poderosos cada vez que se robaban la fuerza de los demás tonos. Al instante se desató una pelea en donde RE, FA y LA quedaron sometidos hasta el punto de que toda su energía les fue quitada.

"Don't worry," said G#, "no matter how dark the place where it hides, the brightness of the color of its voice will give it away."

And leaving the cave, they quickly fled.

There was a feeling of hopelessness; the breath of the wounded notes seemed to hang by a thread, and meanwhile, G gave up the idea of going up to the third heaven to ask for help from the High Spirit and instead fled to a hidden and far away place where it found a waterfall of frozen waters that had no end, on the other side there was another similar waterfall. Both opened a portal to the unknown, so full of fear it began to descend into the deepest part of the abyss, but the more it did it, the more the flash of the color of its voice was seen. Suddenly, it stopped, feeling a sense of guilt at leaving its friends behind, and it thought, *I'll go back and give them water to drink from this crystal clear river.* This idea had just crossed its mind when it felt a blow that caused it a sharp pain that made it wonder, *Where did all that strength come from?* And once again, the five spirits seized its energy and fled, leaving it badly wounded, in complete darkness and without the hope that someone would find it.

Now, the five spirits believed they were almost in control of everything; however, they were concerned that the last note of the chorus had not yet been defeated. Meanwhile, C, not hearing the distorted music emitted by the five evil spirits, took advantage of that distance to go and fetch water from the crystal clear river, filled a wineskin with magic water, and flew to where E, B, D, F and A were and gave them each a sip according to their need and left some water for itself just in case it might need it. Then, it said to them.

"Find G with the brightness of the color of its tones, to bring it to the crystalline river. While you find it, I will go to look for fruit

FA# dijo:

—Aún nos falta apoderarnos de la energía de DO y SOL.

—No tan rápido —dijo SOL#—, esperemos que SOL esté solo, así será más vulnerable.

—¿Y dónde lo encontraremos? —preguntó FA#.

—No te preocupes —dijo SOL#—, por muy oscuro que sea el lugar donde se esconda, el brillo del color de su voz lo delatará.

Y abandonando la cueva huyeron rápidamente.

Había un sentimiento de desesperanza, el aliento de los tonos heridos pareciera pender de un hilo, y mientras tanto SOL desistió la idea de subir al tercer cielo para pedir ayuda al alto espíritu y más bien huyó hacia un lugar oculto y muy lejano donde encontró una cascada de aguas congeladas que no tenía fin, hacia el otro lado había otra cascada semejante y ambas abrían un portal hacia lo desconocido, así que lleno de temor comenzó a bajar a las partes más profundas del abismo, pero entre más lo hacía más se dejaba ver el destello del color de su voz. De repente se detuvo teniendo un sentimiento de culpa al dejar a sus amigos atrás y pensó: "Me regresaré y les daré de beber del agua del río cristalino", no había comenzado a regresar cuando sintió un golpe que le causó un fuerte dolor que lo hizo preguntarse "¿De dónde salió toda esa fuerza?". Y una vez más los cinco espíritus se apoderaron de su energía y huyeron dejándolo malherido, en total oscuridad y sin la esperanza de que alguien lo encontrase.

from the tree of destruction, and I will go up to the third heaven to ask for help from the High Spirit."

The effect of the water was almost instantaneous because D, E, F, and A began to make melodies that sounded like this.

We-will-fi-fi-find-him-we-will-fi-fi-find-G-soon-soon-we-will-fi-fi-find-him-we-will-al-ways-fi-fi-find-G.

C was delighted to hear their tuning again and assumed its plan would work.

"Sing with us!" they told it. B begged, "yes," but C answered them.

"I'm sorry, I'm almost out of time."

Then, it flew quickly in the direction of the tree whose fruit it intended to offer to the five evil spirits. Arriving there, it took five steps for each fruit plucked from the tree, and when it intended to keep them in a small chest, RHYTHM and its three elements appeared, making C ask them.

"What are you doing here?"

PULSE, ACCENT, and COMPASS laughed, and RHYTHM said.

"Don't you know that I am the engine of music? I am so natural and spontaneous that I am present in everything around us; in the alternation of day and night, I am present; in the beating of the heart and breathing, there I am; time and space work for me in an orderly way."

"Of course, I know who you are," said C, "but I didn't ask who you are, I asked what are you doing here."

RHYTHM said.

Ahora los cinco espíritus creían tener casi el control de todo, sin embargo, les preocupaba que el último tono del coro no había sido aún derrotado. Mientras tanto, DO al no escuchar la música distorsionada que emitían los cinco espíritus malignos, aprovechó esa distancia para ir y buscar agua del río cristalino y llenó un odre de agua mágica y voló hacia donde estaban MI, SI, RE, FA y LA y les dio de beber a cada uno según su necesidad y dejó un poco de agua para él por si acaso la llegase a necesitar. Además, les dijo:

—Encuentren a SOL con el brillo del color de sus tonos para sumergirlo en el río cristalino y mientras tanto lo encuentran, yo iré a buscar fruto del árbol de la destrucción y subiré al tercer cielo a pedir ayuda al alto espíritu.

El efecto del agua era casi que instantáneo porque RE, MI, FA y LA empezaron a hacer melodías en sus notas que sonaban así.

"Pron-to-en-con-tra-re-mos-en-con-tra-re-mos-a-sol-pron-to-en-con-tra-re-mos-en-con-tra-re-mos-siem-pre-a-sol".

DO al escuchar de nuevo su afinación se alegró mucho y supuso que su plan realmente resultaría.

—¡Canta con nosotros! —le dijeron. SI suplicó «si", pero DO les respondió:

—Lo siento, no me queda casi tiempo.

Entonces voló rápidamente en dirección del árbol cuyo fruto pretendía ofrendar a los cinco espíritus malignos, y llegando allí, dio cinco pasos por cada fruta arrancada del árbol y cuando pretendía guardarlas en un pequeño cofre apareció el RITMO y sus tres elementos. DO preguntó:

"You called me with the pulse and rhythm of each step and the strength settled in each fruit you took from the tree, but if my presence bothers you, then I will leave immediately," and it left that place quickly, leaving everything vibrating.

But an unfortunate event would occur the moment RHYTHM left that place: the vibrations caused C to drop the small chest containing the fruit of destruction into the river, turning its crystalline waters into black and acrid waters. To make matters worse, the five evil spirits appeared in that place and landed on the other side of the river. Their eyes met for the first time, but C, ashamed of what had happened, fled as far away as possible. Still, the five evil spirits let it escape, watching the river and lamenting the new color of its waters since they still hoped to reverse the darkness that had taken hold of them.

Now, all seemed lost for C. It felt great sorrow for not welcoming RHYTHM and its poor treatment of it; it felt the pain to know that G, even if the other notes could find it, could no longer be immersed in the crystalline river, its plan to offer fruit to the five evil spirits could no longer be carried out since they now knew that it contained the property of destruction. With tears in its eyes, it was filled with courage and said.

"I will go up to the third heaven and ask the High Spirit, god of music for help," at least that was its last hope.

C was a deep and powerful voice, and if it set its mind to it, it could be a vast voice; it also had the quality of going up in octaves, so its voice could also be high-pitched, light, and with a richness of expression and brilliance. So, using its qualities, it took a breath of air and propelled itself, trying to climb as high as possible, leaving its footprint on the ground at the moment of take-off. It rose so high that

—¿Qué hacen aquí?

El PULSO el ACENTO y el COMPÁS se rieron y RITMO dijo:

—¿Acaso no sabes que soy el motor de la música?, soy tan natural y espontáneo que estoy presente en todo cuanto nos rodea, en la alternancia del día y la noche estoy presente, en los latidos del corazón y la respiración allí estoy yo, el tiempo y el espacio trabajan para mí de manera ordenada.

—Por supuesto que sé quién eres —dijo DO—, pero no pregunté quién eres, sino qué haces aquí.

RITMO dijo:

—Tú me llamaste con el pulso y compás de cada paso y la fuerza asentada en cada fruto que tomaste del árbol, pero si te molesta mi presencia entonces me iré de inmediato —y se fue de aquel lugar velozmente dejándolo todo vibrando.

Pero un hecho lamentable ocurriría al instante que RITMO abandonara aquel lugar, las vibraciones hicieron que a DO se le cayera el pequeño cofre que contenía el fruto de la destrucción en el río convirtiendo sus aguas cristalinas en aguas negras y amargas. Y para colmo de males los cinco espíritus malignos aparecieron en aquel lugar y se posaron al otro lado del río. Sus miradas se enfrentaron por primera vez, pero DO avergonzado por lo sucedido huyó lo más lejos posible, mas los cinco espíritus malignos lo dejaron huir y se quedaron observando el río y lamentaron el nuevo color de sus aguas, puesto que aún ellos tenían la esperanza de revertir la maldad que se había apoderado de ellos.

Ahora todo parecía perdido para DO. Sentía gran pena por no darle la bienvenida a RITMO y de su mal trato para con él, sentía dolor al saber que SOL, aunque pudiese ser hallado

everyone around had never heard a voice so high-pitched that it even seemed to fade away.

Suddenly and involuntarily, there was a glitch in its high-pitched voice; C realized that sound does not propagate in the void because there is no air or material means to do so. And it asked itself, "How can the High Spirit hear the music if this space is dividing us?" But it quickly remembered that RHYTHM told it that time and space worked for it.

"I got it!" exclaimed C. "I will invoke RHYTHM with my palms, and I will bow to it and acknowledge its wisdom; maybe that way, the space will work for me too," it started clapping loudly, and instantly, RHYTHM appeared.

C, with its face bowed, said.

"Welcome, you who are one with the music and sound."

"That's right," answered RHYTHM, "I am the one who opens the doors of silence so that sound and melody can enter and leave harmonically in a controlled space of time."

C took the opportunity to ask RHYTHM how it was possible to use space to make music if sound could not be heard in the void. RHYTHM was amazed at its fearlessness and smiled pleasantly at the conversation, then it approached it and looked it straight into its eyes and could tell in its wisdom that C's heart was troubled, and it feared for the lives of its friends; there was no need for C to ask for help since it already knew its concerns. It was then that RHYTHM said to it.

"I will help you communicate through the void, but you must know a hidden secret. Of course, there is sound in space; it's just that your ears are unable to hear it."

por las demás notas ya no podía ser sumergido en el río cristalino, su plan de ofrendar fruto a los cinco espíritus malignos ya no se podía llevar a cabo, puesto que ahora ellos sabían que contenía la propiedad de la destrucción. Con lágrimas en sus ojos se llenó de coraje y dijo:

—Subiré al tercer cielo y pediré ayuda al alto espíritu y dios de la música —al menos esa era la última esperanza que tenía.

DO era una voz profunda y potente y si se lo proponía podía ser una voz enorme y amplia, también tenía la cualidad de subir en octavas así que su voz también podía ser aguda, ligera y con una riqueza de expresión y brillo. Así que valiéndose de sus cualidades tomó una bocanada de aire y se impulsó tratando de subir lo más alto posible dejando al momento de su despegue impresa su huella en el piso, y subió tan alto que nunca jamás se había escuchado una voz tan aguda que hasta parecía desvanecerse.

Repentinamente y de manera involuntaria se produjo un fallo en su voz aguda, DO se dio cuenta de que en el vacío el sonido no se propaga porque no existe el aire o medios materiales para hacerlo. Y se preguntó a sí mismo: "¿Cómo puede escuchar la música el alto espíritu si hay un espacio que nos divide?". Pero rápidamente recordó que RITMO le dijo que el tiempo y el espacio trabajaban para él.

—¡Ya lo tengo! —exclamó DO—. Invocaré el RITMO con mis palmas, me inclinaré ante él y reconoceré su sabiduría, tal vez de esa manera el espacio trabaje para mí también —y comenzó a aplaudir fuertemente de manera coordinada y al instante RITMO se hizo presente.

DO con su rostro inclinado dijo:

"How can my voice pierce the void and communicate with the High Spirit?"

"Only through faith," answered RHYTHM.

"And how can this be possible?" asked C.

"If the material things that exist had only a little faith, like the size of an atom, then the mass of their bodies, when concentrated, would be so compressed that they would disappear, escaping from the force of gravity. This is why I travel through space because the kinetic energy at which I move is equal to the energy of gravity's attraction."

Then, C said.

"Then, RHYTHM, I will close my eyes and concentrate so hard that I will fly as fast as lightning; I will fly through space like no one has ever flown before."

"Well said, C; now that you have understood, you have to be careful not to collide with a star or a planet."

C thought it was too early to understand so much wisdom, and although it wanted to know much more about the subject, it decided to keep quiet since there was almost no time left. And in the face of such silence, RHYTHM took C by the hand and said.

"You have much to learn, but along the way and with time on our side, you will understand," and so they embarked on a wonderful journey through the cosmos full of infinite wisdom.

And while C was transported to the third heaven at an incomparable speed, E, B, D, F, and A still could not find G since it was still in a barren place, in total darkness, and when

—Bienvenido seas, porque eres inescindible de la música y el sonido.

—Así es —contestó RITMO—, soy quien abre las puertas del silencio para que entre y salga el sonido y la melodía de manera armónica en un espacio controlado del tiempo.

DO aprovechó para preguntarle a RITMO cómo es que era posible utilizar el espacio para hacer música si en el vacío no se podía escuchar el sonido. RITMO se asombró de su intrepidez y sonrió agradado con la conversación, luego se le acercó y lo miró fijamente a sus ojos y pudo notar en su sabiduría que el corazón de DO estaba afligido y temía por la vida de sus amigos, no hubo necesidad que DO pidiera ayuda, puesto que ya conocía su inquietud. Fue entonces cuando RITMO le dijo:

—Te ayudaré a comunicarte a través del vacío, pero debes saber un secreto escondido. Por supuesto que sí hay sonido en el espacio es solo que tus oídos no tienen la capacidad auditiva para escucharlo.

—¿Entonces de qué manera podría mi voz traspasar el vacío y comunicarme con el alto espíritu?

—Solo a través de la fe —respondió RITMO.

—¿Y cómo puede ser posible esto? —preguntó DO.

—Si las cosas materiales que existen tuvieran tan solo un poco de fe como el tamaño de un átomo entonces la masa de sus cuerpos al concentrarse se comprimiría tanto que desaparecerían escapando de la fuerza de la gravedad, es por eso que viajo a través del espacio, porque la energía cinética a la que me muevo es igual a la energía de la atracción de la gravedad

they were about to give up, they saw that uninhabitable place. But F, at that moment, had a brilliant idea, so it suddenly stopped the march at the gates of the waterfall and said to them.

"It is better that we separate and that each of us look for G through different abysses," to which E quickly replied.

"No, I will never allow that."

It was so strange for F to hear that resounding no, that intrigued it asked.

"Why do you say that?" To which E answered.

"For one abyss calls to another abyss, and if you get lost, my life without you would no longer be the same. It was awkward for B, D, and A since that verse was an unmistakable declaration of love.

"How can you say that if a spirit has neither blood nor flesh, much less a definite sex?" D asked.

"In your question is the answer," replied E, "TRUE LOVE HAS NO DESIGN," A suggested they all hold hands to create a brighter glow, helping them find G faster and sparing F's blush.

It was a great surprise for everyone to notice that the moment E and F held hands, the brightness of the color of their voices illuminated much more than the others because of the fire between them, showing that E's feelings were as real as its voice; however, despite the effort they could not find G anywhere because it seemed that an abyss had devoured it.

There seemed to be only one hope since the only ones who knew the exact location of G were the five evil spirits who

Entonces dijo DO:

—Ok RITMO, cerraré mis ojos y me concentraré tanto que volaré tan rápido como la luz, que surcaré el espacio como nunca antes alguien lo ha hecho.

—Bien dicho DO, ahora que lo has entendido solo debes tener cuidado de no chocar con alguna estrella o un planeta.

Do pensó que era demasiado pronto para entender tanta sabiduría y aunque quería conocer mucho más del tema decidió callar, puesto que según él no quedaba casi tiempo. Y ante tal silencio, RITMO tomó a DO por la mano y le dijo:

—Tienes mucho por aprender, pero en el camino y con el tiempo a nuestro favor lo entenderás —y fue así como emprendieron un maravilloso viaje por el cosmos lleno de sabiduría infinita.

Y mientras que DO era transportado al tercer cielo a una velocidad inexplicable, MI, SI, RE, FA y LA aún no podían hallar a SOL, puesto que aún se encontraba en un lugar inhóspito y en total oscuridad y cuando casi estaban por rendirse divisaron aquel lugar inhabitable. Pero a FA en ese instante se le ocurriría una brillante idea, así que de repente detuvo la marcha a las puertas de la cascada y les dijo:

—Es mejor que nos separemos y que cada uno busque a SOL por abismos diferentes —a lo que rápidamente contestó MI:

—No, eso jamás lo permitiré.

Fue tan extraño para FA escuchar ese no tan profundo que con intriga preguntó:

—¿Por qué dices eso? —MI respondió:

were still watching the black water river, and that hope was traveling through space-time. On that majestic journey, C realized that the universe is a perfect symphony and that everything in the cosmos is held together by guitar-like strings vibrating and making music that resonates through hyperspace.

C said.

"Now I see, these lines are how the melody is transmitted through space."

RHYTHM replied.

"Not only music, but all the universe information unknown to humankind."

They had not finished talking when they suddenly came to a place that no one had ever seen. There is no word to describe the beauty and science of the splendor of such a place. C was rendered speechless. RHYTHM touched its face, and immediately its ears were opened, and it began to hear the cry of someone on the side whose presence illuminated the whole place, and when it turned to see who was crying, it saw one like the sun and his tears were large crystalline drops that became a spring.

"Who are you?" asked C.

"I am the son of the High Spirit and weep because my father has corrupted the musical richness. He is tired of music and does not want to hear anyone else sing; he corrupted the heart of the five sustained notes. That is why I want my tears to pierce space through faith to give life to all who drink water from the crystal clear river. But now that your faith has risen to my presence, go and pour a drop of my tears into the

—Porque un abismo llama a otro abismo, y si te pierdes, mi vida sin ti ya no sería lo mismo. Era una situación incómoda para SI, RE y LA puesto que esa estrofa era una obvia declaración de amor.

—¿Cómo puedes decir eso si un espíritu no tiene ni sangre ni carne y mucho menos un sexo definido? —preguntó RE.

—En tu pregunta está la respuesta —replicó MI—: EL VERDADERO AMOR NO TIENE DISEÑO —lo que sonrojó mucho a FA y para disimular lo dicho, LA propuso que todos se acercaran y se tomaran de las manos para hacer un brillo más luminoso con la idea de poder hallar a SOL mucho más rápido.

Fue una gran sorpresa para todos al notar que al momento de que MI y FA se tomaron de las manos el brillo del color de sus voces iluminaba mucho más que la de los demás por el fuego que había entre ellos dos demostrando así que los sentimientos de MI eran tan reales como su voz; sin embargo, a pesar del esfuerzo no podían encontrar a SOL por ningún lado porque pareciera que un abismo lo hubiera devorado.

Solo parecía haber una esperanza, puesto que los únicos que sabían la ubicación exacta de SOL eran los cinco espíritus malignos que aún se encontraban mirando el río de aguas negras, y esa esperanza se encontraba surcando el espacio-tiempo. En ese majestuoso viaje DO se dio cuenta de que el universo es una sinfonía perfecta y que todo cuanto existe en el cosmos está unido por cuerdas como de guitarra que están vibrando haciendo música que resuena a través del hiperespacio.

Dijo DO:

river of black water so that it may regain its power. Then, pour another drop into the tree's root of the fruit of destruction so that it may lose its evil property, and thus G and the five sustained notes may regain their tonality."

RHYTHM was very wise and supposed that the High Spirit had surely heard the melody of the conversation.

"We don't have much time," said RHYTHM. Quickly, C filled the wineskin with two tears and hugged it tightly so as not to lose it, and before leaving, the High Spirit's son blew on them, making them invisible.

"Why did you do this?" asked C.

"There are hundreds of thousands of galaxies in the universe, and for each galaxy you pass through, hundreds of billions of stars will make you visible. With this protection, you will not be seen by the High Spirit. But, even if you travel at the speed of light, be very careful when passing through a massive body because a beam of light can bend due to gravitation."

C was unaware that light as a source of energy also weighs, so it was silent when RHYTHM told it.

"You must be careful not to collide with a star or a planet."

RHYTHM noticed a new silence in C and asked it.

"Why are you silent?"

And C responded.

"I don't understand how to be an invisible beam of light," to which RHYTHM replied.

—Ahora entiendo que por estas líneas es como se transmite la melodía por el espacio.

RITMO contestó:

—No solo la música, sino toda la información del universo desconocida para la humanidad.

No habían terminado de hablar cuando de repente llegaron a un lugar el cual nunca jamás alguien había visto. No existe palabra alguna para describir la belleza de tal esplendor y la ciencia de aquel lugar que no hubo palabra en su boca. RITMO, tocándole el rostro, sus oídos les fueron abiertos y al instante comenzó a escuchar el llanto de alguien a un costado cuya presencia iluminaba todo aquel lugar, y cuando volteó para ver quién era aquel que lloraba vio a uno semejante al sol y sus lágrimas eran grandes gotas cristalinas que se convertían en un manantial.

—¿Quién eres? —le preguntó DO.

—Soy el hijo del alto espíritu y lloro porque mi padre ha corrompido la riqueza musical, y como está cansado de la música y no quiere escuchar a nadie más cantar, corrompió el corazón de las cinco notas sostenidas. Es por eso que mis lágrimas traspasan el espacio a través de la fe para darle vida a todo el que beba agua del río cristalino. Mas ahora que tu fe ha subido a mi presencia, ve y derrama una gota de mis lágrimas en el río de aguas negras para que recupere su poder y derrama otra gota en la raíz del árbol del fruto de la destrucción para que pierda su propiedad maligna y así SOL y las cinco notas sostenidas podrán recuperar su tonalidad.

Ritmo era muy sabio y suponía que el alto espíritu seguramente había escuchado la melodía de la conversación.

"In space-time, everything is possible. Hurry, there is almost no time left," and they ran away quickly, leaving that marvelous place. Suddenly, the High Spirit appeared and angrily asked his son.

"Who are you talking to?"

And his son answered.

"I am only answering prayers of faith."

But the High Spirit could notice the melody made by RHYTHM and C dodging the stars at great speed since they jumped from one string to another, creating music with their vibrations; it was then that enraged he began an immediate pursuit to catch them and divert them through unknown dimensions so that they would never find their way back home. However, RHYTHM and C had already crossed the second sky and were way ahead of him.

The High Spirit could hear them from the third heaven through the melody but not see them nor distinguish their accelerated movements subjected to the different forces of gravity of the planets they crossed. Besides, he knew that this had been his son's work, so he decided to shake some strings that joined the stars to make them collide and make their masses deform the fabric of time and space so that C and RHYTHM would crash.

This act shook them strongly, and then C shouted.

"What's going on?"

RHYTHM knew that if its traveling companion lost its concentration, it could be trapped in an unknown dimension, so it decided to calm it down and answered.

—No tenemos mucho tiempo —dijo RITMO. Rápidamente DO llenó el odre con dos lágrimas y lo abrazó fuertemente para no perderlo, y antes de partir, el hijo del alto espíritu sopló sobre ellos haciéndolos invisibles.

—¿Por qué has hecho esto? —preguntó DO.

—Existen cientos de miles de galaxias en el universo, y por cada galaxia que atraviesen, cientos de miles de millones de estrellas las cuales los harán visibles y así al momento de su viaje no podrán ser vistos por el alto espíritu. Pero, aunque viajen a la velocidad de la luz tengan mucho cuidado al pasar por un cuerpo masivo porque un rayo de luz se puede curvar debido a la gravitación.

DO desconocía que la luz como fuente de energía también pesa, y por eso fue que hizo silencio cuando RITMO le dijo:

—Debes tener cuidado de no chocar con alguna estrella o un planeta.

RITMO notó un nuevo silencio en DO y le preguntó:

—¿Por qué callas?

Y DO respondió:

—Es que no entiendo cómo ser un rayo de luz invisible —a lo que contestó RITMO

—En el espacio-tiempo todo es posible. Rápido, ya no queda casi tiempo —y huyeron rápidamente dejando aquel lugar maravilloso. De repente apareció el alto espíritu y furioso preguntó a su hijo:

—¿Con quién hablas?

Y respondió el hijo del alto espíritu:

"Don't stop, surely this is the fault of the High Spirit that has already discovered us," but this time, space did not deform so much, and they managed to hold on tightly to other threads of vibrating matter so as not to crash and continue their journey.

C was thinking how strange the universe was when suddenly it saw how out of nowhere, a point began to appear, and it became bigger and bigger until it became the mouth of a hole in space. The three heavens were like a malleable S-shaped fabric, so the High Spirit had punctured that region of space-time to connect the third heaven with the second heaven by creating a shortcut.

RHYTHM assumed the inevitable: the High Spirit would come out of the hole's mouth at any moment, and it would happen right before them. RHYTHM and C stood dumbfounded, waiting for the High Spirit to appear, and while the expected did not yet occur, C asked itself the following questions, "What happened to the High Spirit to make him hate music so much? Who is the real culprit of such hatred?"

The answers were to be found in the abyss, and E, B, D, F, and A, without knowing it, were about to discover it. And as they descended into the deepest parts, all at the same time began to be sucked into a kind of hole that transported them to a place and an unknown dimension; they arrived at a majestic place, but at the same time, mysterious and gloomy. They landed on a smoking mountain surrounded by lava and fire that led through a path to a castle that smelled of sulfur.

"Let's stay here," proposed D. B, with a trembling voice and shivering with fear, stammered.

"Yes..."

—Solo respondo oraciones de fe.

Pero el alto espíritu pudo notar la melodía que hacían RITMO y DO esquivando las estrellas a gran velocidad, puesto que saltaban de una cuerda a otra haciendo música con sus vibraciones, fue entonces que enfurecido comenzó una persecución inmediata con la intención de atraparlos y desviarlos por dimensiones desconocidas para que nunca encontrasen el regreso a casa, sin embargo, RITMO Y DO ya habían surcado el segundo cielo y le habían tomado ventaja.

El Alto Espíritu podía escucharlos desde el tercer cielo a través de la melodía, pero no verlos ni distinguir sus movimientos acelerados sometidos a las diferentes fuerzas de gravedad de los planetas que cruzaban, además sabía que eso había sido obra de su hijo, así que decidió sacudir unas cuerdas de las que unían las estrellas para hacerlas chocar y que sus masas deformaran el tejido del tiempo y el espacio para que DO y RITMO se estrellaran.

Este acto los sacudió fuertemente y entonces gritó DO:

—¿Qué está pasando?

RITMO sabía que si su compañero de viaje se desconcentraba podría quedar atrapado en una dimensión desconocida así que decidió calmarlo y le contestó:

—No te detengas, seguramente esto es culpa del Alto Espíritu que ya nos descubrió —pero esta vez el espacio no se curvo tanto y lograron sujetarse fuerte de otros hilos de materia en vibración para no estrellarse y continuaron su travesía.

Do estaba pensando "Qué extraño es el universo", cuando de repente vio cómo de la nada empezó a aparecer un punto

"No such thing," said F. "It is possible that in that castle, we will find G and, if luck is with us, also the answers to how to get out of here."

"Of course," E replied, demonstrating its full support for its unparalleled love, and they advanced towards the castle. When they reached the entrance, the doors opened with a frightening creak for them to pass through.

"Let's stay here," said D, to which B uttered three different words for the first time.

"Yes, *por favor*."

B was gripped with terrifying fear, but F showed bravery and spoke up.

"Let's move forward because I am sure we will find G here."

E took it by the hand and said.

"Wherever you go, I will go because if I lose you again, I will surely die."

"Oh, please, this is no time for honeymoons," said D.

"Yesssssssssssss..." said B, flickering with fear. However, they advanced, and once inside, the door closed and behold a throne of fire and on it sat the Lower Spirit, a beautiful divine being, majestic but infinitely tenebrous. His very presence instilled fear, uneasiness, and respect. To his right, he caressed a two-headed pet beast that could smell fear from a distance, and to his left lay G, hidden and covered with a red blanket.

It was then that, with a penetrating look and a tenebrous voice, the low spirit said to them.

que se hacía cada vez más grande hasta que se convirtió en la boca de un agujero en el espacio. Los tres cielos eran en realidad como una especie de tela maleable en forma de S, así que el Alto Espíritu había agujereado esa región del espacio-tiempo para conectar el tercer cielo con el segundo cielo creando un atajo.

RITMO supuso lo inevitable, el alto espíritu saldría por la boca del agujero en cualquier instante y así sucedería, justo en frente de ellos. RITMO y DO se quedaron estupefactos esperando que apareciera el Alto Espíritu y mientras que aún no sucedía lo esperado DO se hizo las siguientes preguntas: "¿Qué le pasó al Alto Espíritu para que odiase tanto la música? ¿Quién es el verdadero culpable de tal odio?".

Las respuestas se encontraban en el abismo y MI, SI, RE, FA y LA sin saberlo estaban por descubrirlo. Y mientras bajaban a las partes más profundas todos al mismo tiempo empezaron a ser absorbidos por una especie de agujero que los transportó a un lugar y a una dimensión totalmente desconocida, llegaron a un lugar majestuoso, pero al mismo tiempo misterioso y tenebroso. Cayeron sobre una montaña humeante rodeada de lava y fuego que conducía a través de un camino hacia un castillo que olía a azufre.

Quedemos aquí propuso RE, SI con voz temblorosa y tiritando de miedo balbuceó:

—Sí...

—De eso nada —dijo FA—, es posible que en ese castillo hemos de encontrar a SOL y si la suerte nos acompaña también las respuestas de cómo salir de aquí.

—Correcto —replicó SOL demostrando su total apoyo a su amor sin igual, y avanzaron hacia el castillo, cuando llegaron

"Welcome to my kingdom; once you enter this place, you won't be able to leave."

F stepped forward and answered him without hesitation.

"We are not here to stay forever."

"Why have you approached my kingdom then?" asked the Lower Spirit.

"We are looking for G," said E, "music without it is incomplete."

The Low Spirit covered his ears as if in disgust and said.

"Do not utter that word in my kingdom."

"Why does it bother you so much?" asked E, "since it is so delightful and pleasing to the ear. You know no more about it than I do, since I created it, and why do you hate it so much?"

"I do not hate it; that is my project, and therefore, I deserve a part of it. It is just that everyone sings to the one who did not design it, everyone looks up when something good happens to them, but when something bad happens, they invoke me to talk ugly things about me without knowing that the universe has no direction; therefore, you do not know whether I am the Low Spirit or the High Spirit," he replied with a look of sadness. "That is why I have created my own kingdom and small abysses in space to transport my feelings to those who have taken away my rights."

"I could make music, but that would invoke all its elements, and I don't want to. Plus, that would bring RHYTHM with its figures and silences, MELODY expressively combining its notes and HARMONY with its rules to form chords. And if it is not for me, then I want it erased from the universe forever," he sneered in a horrifying manner.

de momento las puertas se abrieron con un chirrido espantoso para que ellos pasaran.

—Quedémonos aquí —dijo RE a lo que SI por primera vez pronunció dos palabras diferentes:

—Sí, *please*.

El miedo aterrorizante se apoderaba más y más de SI, pero FA, era muy valiente y dijo:

—Avancemos porque seguro encontraremos a SOL aquí.

MI le tomó la mano y le dijo:

—A donde tú vayas yo iré porque si te pierdo nuevamente de seguro moriré.

—Ay, por favor, estos no son momentos para lunas de miel —dijo RE.

—Siiiiiiii... —dijo SI titilando de miedo. Sin embargo, avanzaron, y una vez dentro la puerta se cerró y he allí un trono de fuego y en él sentado el Bajo Espíritu, un ser hermoso divino majestuoso, pero infinitamente tenebroso su sola presencia infundía temor temblor y respeto, a su derecha acariciaba a una bestia de dos cabezas como mascota que podía oler el miedo a distancia y a su izquierda yacía SOL cubierto con una manta roja.

Fue entonces cuando con una mirada penetrante y voz tenebrosa el bajo espíritu les dijo:

—Bienvenidos a mi reino, una vez aquí dentro ya no pueden salir.

FA dio un paso al frente y le respondió sin titubear:

—No vinimos a quedarnos para siempre.

What he did not know was that E, B, D, F, and A would come up with the idea of creating music in the region of the abyss to invoke them and thus weaken the Low Spirit and flee the place.

Meanwhile, in space-time, RHYTHM and C were about to be caught by the High Spirit, but before it happened, C asked RHYTHM.

"Why, if you are omnipresent, we cannot escape from this situation?"

"That is true, C, but although I can be everywhere, my presence only manifests where I am summoned."

"I'm so sorry," said C. "It's not your fault that the music is dying out," and it hugged it tightly, waiting for the inevitable.

But on the other side of the universe, E, B, D, F, and A were also in a chaotic situation in the underworld. The Lower Spirit had planned to put an end to the intruders who had entered the region of the abyss, so he asked B.

"Would you like to stay here with me forever with your faithful friend G?" B answered no; it was the third new word B had pronounced.

"Where do you have G?" asked F.

"Patience," replied the Low Spirit. "You, too, will be like it in a few moments." After saying this, he pulled the red blanket, and there it lay G on the ground, breathless and voiceless.

They were all astonished to see G in that state, and a deep sorrow took hold of them to such an extent that they began to cry and to pronounce its names, trying to sing for the last time that song that, although missing C and G went like this, *_-D-E-_-A-_- _-E-F-E-D-C-D-B-_.*

—¿Por qué se han acercado a mi reino? —preguntó el Bajo Espíritu.

—Buscamos a SOL —dijo MI—, la música sin él está incompleta.

El Bajo Espíritu tapó sus oídos como con asco y dijo:

—No pronuncies esa palabra en mi reino.

—¿Por qué te molesta tanto? —dijo MI—, si es tan deliciosa y agradable al oído. No sabes más de eso que yo, puesto que ella fue creada por mí, y ¿por qué la odias tanto?

—No la odio, ese es mi proyecto, y por lo tanto, merezco una parte de ella, es solo que todos cantan a quien no la diseñó, todos miran hacia arriba cuando les sucede algo bueno, pero cuando les sucede algo malo me invocan para hablar cosas feas de mí sin saber que el universo no tiene dirección, por lo tanto, no sabéis vosotros si yo soy el Bajo Espíritu o el Alto —replicó con una mirada de tristeza—. Es por eso que he creado mi propio reino y he creado pequeños abismos en el espacio para transportar mis sentimientos a quienes han quitado mis derechos.

Yo podría hacer música, pero eso invocaría todos sus elementos y no quiero, además aparecería el RITMO con sus figuras y sus silencios, la MELODÍA combinando sus notas de manera expresiva y la ARMONÍA con sus reglas para formar acordes. Y si ella no es para mí entonces la quiero borrar del universo para siempre y se burló de manera horrorosa.

Lo que él no sabía es que a MI, SI, RE, FA y LA se les ocurriría hacer música en la región del abismo para invocarlos y así debilitar al bajo espíritu y huir del lugar.

This caused the Low Spirit to cover his ears and scream for them to be quiet, but they continued to make the music, trying to say something like this.

_ - the - the - no - _ - p -_ -_ -_ - sant - to - my - ea - ea - e - a - a -_.

G, hearing the voices of its friends, opened its eyes, but it still did not have the strength to move. The Low Spirit knew that the melody they intended to create would soon torment him, so he decided to invoke his distorted music, and it was there that a new portal opened. The five sustained notes appeared, who, influenced by the Low Spirit, sang something that did not seem to be music, which began to weaken E, B, D, F, and A so that they could not sing what they intended. Now E, B, D, and F were subdued, and the only hope was C, who was with RHYTHM in space-time, about to be surprised and waiting for the inevitable.

And so it was, the High Spirit whose presence RHYTHM and C could not look upon and bear was present, and with a voice of thunder, he said.

"Shut up, your music hurts me."

"But we're not making music," said C.

It was then that RHYTHM and C understood that from somewhere, the other notes were singing, so they decided to close their eyes and concentrate on looking for the string that transmitted that imperceptible melody for them, but the High Spirit decided to shake vigorously two superstrings to generate a tremor in the fabric of space so that other dimensions diverted the music and that C and RHYTHM could not escape. Still, this time, two stars collided so hard that an explosion created a kind of black hole.

Mientras tanto en el espacio-tiempo, RITMO y DO se encontraban a punto de ser atrapados por el alto espíritu y antes de que sucediera, DO le preguntó a RITMO:

—¿Por qué si eres omnipresente no escapamos de esta situación?

—Eso es cierto DO, pero, aunque puedo estar en todas partes mi presencia solo se manifiesta donde me invocan.

—Lo siento tanto —dijo DO—, no es tu culpa que la música se extinga —y lo abrazó fuertemente esperando lo inevitable.

Pero al otro lado del universo, en el inframundo MI, SI, RE, FA y LA también se encontraban en una situación caótica. El Bajo Espíritu tenía planeado terminar con los intrusos que habían entrado a la región del abismo de manera que preguntó a SI:

—¿Te gustaría quedarte aquí conmigo para siempre junto a tu fiel amigo SOL? —él contestó que no, era la tercera nueva palabra que SI pronunciaba.

—¿Dónde tienes a SOL? —preguntó FA.

—Paciencia —le respondió el bajo espíritu, tú también estarás al igual que él en unos momentos. Fue allí cuando burlándose destapó aquello cubierto con una manta roja y he allí tendido en suelo SOL sin aliento y sin voz.

Todos se asombraron de ver a SOL en ese estado y un profundo dolor se apoderó de ellos a tal punto que empezaron a llorar y a pronunciar sus nombres intentando cantar por última vez aquella canción que, aunque faltara DO y SOL decía así: "_-RE-MI-_-LA-_- _-MI-FA-MI-RE-DO-RE-SI-_".

Everything from that moment on was chaos because that hole created by the explosion was nothing more than a cosmic prison, a region of empty space from which nothing and no one could escape.

And as that cosmic beast swallowed everything in its path, RHYTHM and C began to be drawn into the black hole, even the High Spirit.

But in the abyss, a war of notes continued, and although E, B, D, and F were getting weaker and weaker, they did not cease to try to make the melody, and they did this, believing that somehow and somewhere, C could hear them and so they could make the music reborn.

At that precise moment when RHYTHM and C were about to be absorbed by the Black Hole, they could perceive that melody, and automatically, a portal opened that teleported them to where that intonation came from.

It was a surprise for all the friends to meet again in that place, so C immediately began to sing the melody together with its friends that went like this.

I - am - the - pleas - ant - no - te - to - _ - ea - ea - ears.

Only G was missing in that melody to be able to finish the song and thus finally destroy the Low Spirit, but he was cunning and writhing in pain and covering his ears; he thought of releasing the two-headed beast to finish once and for all with the intruders who had broken into his castle. But before this could happen, C approached G and gave it a drink from the crystal clear water it had in its wineskin. Meanwhile, the two-headed beast tried to devour them, but it could not because the chains that held it down did not allow it to do so.

Esto hizo que el Bajo Espíritu se tapara los oídos y pidiera a gritos que se callaran, pero ellos continuaron intentando hacer la música que trataba de decir así:

"_ - la - no - _ - a -_ - _ - ble - pa - ra - mis - o - í - í – _".

SOL, al escuchar las voces de sus amigos, abrió los ojos, pero aún no tenía fuerzas para moverse. El Bajo Espíritu sabía que pronto la melodía que ellos pretendían hacer lo atormentaría, así que decidió invocar su música distorsionada y fue allí que se abrió un nuevo portal y aparecieron las cinco notas sostenidas las cuales influenciadas por el bajo espíritu cantaban algo que no parecía música lo que empezó a debilitar a MI, SI, RE, FA y LA para que no lograran entonar aquello que pretendían. Ahora MI, SI, RE, FA se encontraban sometidos y la única esperanza era DO quien se encontraba con RITMO en el espacio tiempo a punto de ser sorprendidos y esperando lo inevitable.

Y así fue, se hizo presente el Alto Espíritu cuya presencia RITMO y DO no podían mirar y soportar, y con voz de trueno dijo:

—Callen porque su música me hace daño.

—pero si no estamos haciendo música —dijo DO.

Fue entonces que RITMO y DO comprendieron que desde algún lugar las otras notas se encontraban cantando, así que decidieron cerrar su ojos y poder concentrarse para percibir la cuerda que trasmitía aquella melodía imperceptible para ellos, pero el alto espíritu decidió sacudir fuertemente dos súper cuerdas para generar un temblor en el tejido del espacio para que aquella música se desviara por otras dimensiones y para que DO y RITMO no pudieran escapar, pero esta

So the crystalline water had an immediate effect on G, and it opened its eyes, got up with new strength from the ground, and began to sing along with its friends to such an extent that the Low Spirit could no longer bear the melody.

I - a - am - the - pleas - ant - no - te - to - my - ea - ea - ears.

The Lower Spirit had no choice but to open a portal and escape with his beast to another dimension, leaving that dark place.

But all would not end well for the Lower Spirit as he would appear right before the Higher Spirit, who grabbed him by the neck and, with his mighty hand, pushed him and his two-headed beast and his evil thoughts down the black hole, then closed the mouth of that portal so that he could never get out of there again and to prevent him from ever finding a way to do so.

The sustained notes were now ashamed, and their evil thoughts were gone too, but something was missing: their voices were no longer in tune.

F said to the sustained notes.

"We know it wasn't your fault," and B also confirmed that. E told them.

"So you don't have to be sad," and B again confirmed it.

"Do you forgive us?" asked the sustained notes. In the face of silence, C# asked C if it forgave it, to which it replied.

"**BEHAVE IN SUCH A WAY THAT YOU NEVER FEEL ASHAMED OF YOURSELF.**"

C, D, E, F, G, A, and B looked at each other's faces, but B answered for everyone with its characteristic enthusiasm.

vez dos estrellas se chocaron tan fuerte que hubo una explosión que creó una especie de hoyo negro.

Todo a partir de ese momento fue un caos, porque ese agujero creado por la explosión no era más que una prisión cósmica, una región del espacio vacío de donde nada ni nadie puede escapar.

Y mientras esa bestia cósmica se tragaba todo a su paso RITMO y DO empezaron a ser atraídos hacia el hoyo negro, incluso el Alto Espíritu.

Pero en el abismo continuaba una guerra de notas y aunque MI, SI, RE, FA se debilitaban cada vez más no cesaron de intentar hacer la melodía y esto lo hacían creyendo que de alguna manera y en algún lado DO pudiera escucharlos y así pudieran hacer que la música renaciera.

En ese preciso momento cuando RITMO y DO estaban a punto de ser absorbidos por el Hoyo Negro pudieron percibir aquella melodía y de manera automática se abrió un portal que los teletransportó hacia donde provenía aquella entonación.

Fue una sorpresa para todos sus amigos el poder haberse encontrado de nuevo en ese lugar, así que de inmediato DO comenzó a cantar la melodía junto a sus amigos que decía así.

"Soy - la - no - ta - a - gra - _ – ble - pa – ra - mis - o - í - í - dos".

Solo faltaba SOL en aquella melodía para poder terminar la canción y destruir así por fin al bajo espíritu, pero él era astuto y retorciéndose de dolor y tapándose sus oídos pensó en soltar a la bestia de dos cabezas para terminar de una

"Yes, we forgive you."

They all smiled at once, and C told them.

"There is only a little water left, and it will not be enough to recover the tone of your voices."

But RHYTHM, with its wisdom, told them.

"Pour it on the river of black water to recover its power and pour another drop on the root of the tree of the fruit of destruction so that it loses its evil property, and then you will be able to recover," to which B said yes.

And they came back again and did as RHYTHM had said, and they all got into the crystal clear river and played splashing in the waters, singing a song that goes like this.

I - a - am - the - pleas - ant - no - te - to - my - ea - ea - ears.

"You can do it too," said F to the sustained notes, and then they sang a song that goes like this.

I-pro-mi-se-to-al-ways-plea-please-you-with-my-mu-sic-be-cause-I-am-the-pleas-ant-no-te-for-you.

Although this happened thousands of years ago, it is said that even today, if you close your eyes and concentrate, you can undoubtedly hear the singing of the spirits in the crystalline river where everything began to be again a harmonic balance of pleasant and sublime melodies.

buena vez por todas con los intrusos que habían irrumpido en su castillo. Pero antes de que esto sucediera DO se acercó a SOL y le dio a beber del agua cristalina que tenía en su odre y mientras tanto la bestia de dos cabezas trataba de devorarlos, pero no podía ya que las cadenas que lo sujetaban no se lo permitían.

Así que el agua cristalina hizo efecto de inmediato sobre SOL y abrió sus ojos, se levantó con nuevas fuerzas de aquel lugar y comenzó a cantar junto a sus amigos a tal punto que el Bajo Espíritu ya no pudo soportar aquella melodía que decía así:

"Soy - la - no - ta - a - gra - da - ble - pa - ra - mis - o - í - í – dos".

Al Bajo Espíritu no le quedó de otra que abrir un portal y escapar con su bestia a otra dimensión dejando aquel lugar tenebroso, pero ahora sin su malvada presencia.

Pero no todo terminarían bien para el Bajo Espíritu ya que aparecería justo frente a frente con el Alto Espíritu quien lo tomó por el cuello y con su poderosa mano lo empujó junto a su bestia de dos cabezas y sus pensamientos malvados por el hoyo negro, luego cerró la boca de ese portal para que nunca más pudiese salir de allí y por si algún día encontrase la forma de cómo hacerlo.

Ahora las notas sostenidas estaban apenadas y sus malos pensamientos habían desaparecido también, pero faltaba algo: sus voces ya no eran afinadas.

FA les dijo a las notas sostenidas:

—Sabemos que no fue su culpa —y SI les confirmo que sí. MI les dijo:

—Así que no tienen por qué estar tristes —y SI confirmo que sí.

—¿Nos perdonan? —preguntaron las notas sostenidas, ante el silencio DO# le preguntó a DO si lo perdonaba a lo que este respondió:

—COMPÓRTATE DE TAL MANERA QUE NUNCA SIENTAS VERGÜENZA DE TI MISMO.

DO, RE, MI, FA, SOL, LA Y SI se miraron las caras, pero SI con el entusiasmo que le caracteriza contestó por todos:

—Sí, los perdonamos.

Todos sonrieron al momento y DO les dijo

—Solo queda un poco agua y no alcanzará para recuperar la tonalidad de sus voces.

Pero RITMO con su sabiduría les dijo:

—Derramadla sobre el río de aguas negras para que recuperen su poder y derrama otra gota en la raíz del árbol del fruto de la destrucción para que pierda su propiedad maligna y luego sumérjanse todos —a lo que respondió SI que sí.

Y regresaron nuevamente e hicieron conforme había dicho RITMO y todos se metieron en el río cristalino y jugaban chapoteando las aguas cantando una canción que dice así.

"Soy - la - no - ta - a - gra - da – ble - pa – ra – mis – o - í - í – dos".

—Ustedes también pueden hacerlo —dijo FA a las notas sostenidas y entonces entonaron una canción que dice así:

"Yo-pro-me-to-siem-pre-a-gra-dar-te-con-mi-mú-si-ca-por-que-soy-la-no-ta-a-gra-da-ble-pa-ra-ti".

Aunque esto ocurrió hace miles de años se dice que todavía hoy, si cierras los ojos y te concentras, puedes con certeza escuchar el canto de los espíritus en el río cristalino donde todo comenzó a ser de nuevo un equilibrio armónico de melodías agradables y sublimes.

EPILOGUE

"What are you doing here?" asked the Lower Spirit.

"You called me by hitting the walls of this hole when you threw matter converted into energy into it," said RHYTHM.

His two-headed beast attacked RHYTHM, and it fired its three powers with its fists, knocking it down.

"I didn't come to hurt you, I came to save you," said RHYTHM.

"How do you plan to escape from this place?" replied the Lower Spirit.

"I've been here before, but now it's time for the world to know the absolute truth," RHYTHM replied.

"Don't you know that inside this cosmic prison, there is another hole, only it is blue? When a black hole traps a star, it is converted into energy. At the end of this singularity, when it passes through the blue region, it returns to what it was before. Then, it comes out recharged with stellar fuel through a new hole the color of the celestial vault in another region of the universe, burning the darkness of the sky."

EPÍLOGO

—¿Qué haces aquí? —preguntó el Bajo Espíritu.

—Tú me llamaste golpeando las paredes de este agujero cuando le arrojaste materias convertidas en energía —dijo RITMO.

Su bestia de dos cabezas atacó a RITMO y este con sus puños disparó sus tres poderes derribándole.

—No vine a hacerte daño, vine a salvarte —dijo RITMO.

—¿Cómo piensas escapar de este lugar? —respondió el Bajo Espíritu.

—Ya estuve aquí antes, pero ahora es tiempo de que el mundo sepa la verdad absoluta —contestó RITMO.

—¿Acaso no sabes que dentro de esta prisión cósmica hay otro agujero solo que es azul? Cuando una estrella es atrapada por esta región cósmica se convierte en energía y al final de la singularidad cuando atraviesa la región azul vuelve a ser lo que antes era y finalmente sale recargada de combustible estelar por un nuevo agujero del color de la bóveda celeste en otra región del universo quemando la oscuridad del cielo.

Soy la nota

Arnol Izaguirre

Soy la nota (Melodia)

Arnol Izaguirre

Soy la nota (Armonia)

Arnol Izaguirre

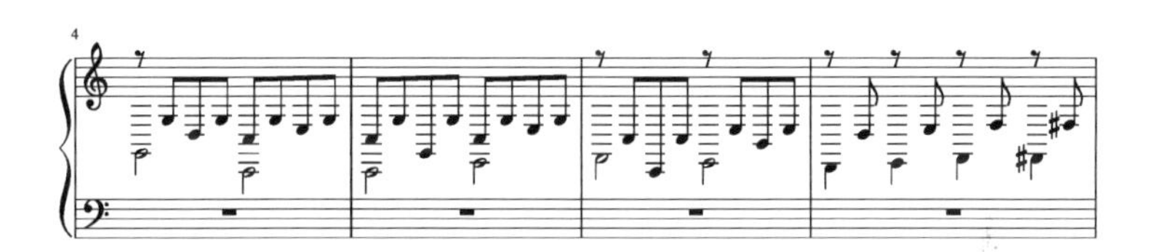

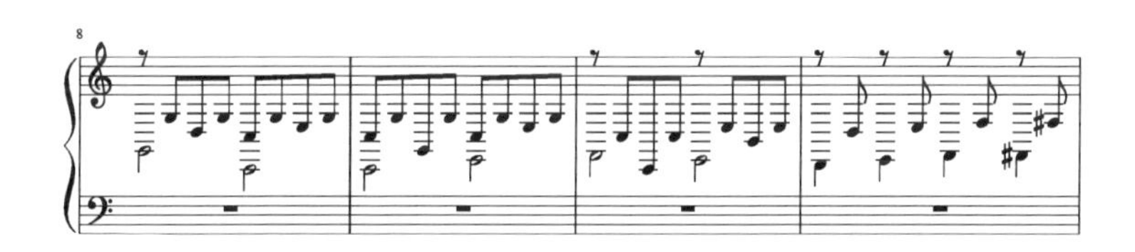

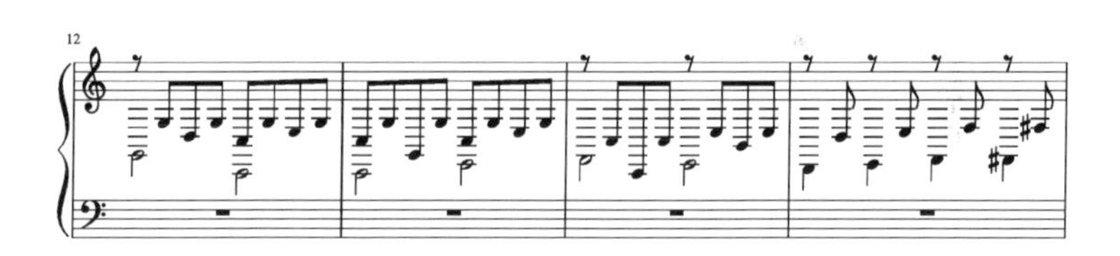

Soy la nota (Melodia)

Tonalidad: Do Mayor   Mano Derecha

Arnol Izaguirre

Soy la nota (Armonia)

Tonalidad: Do Mayor   Mano Izquierda

Arnol Izaguirre

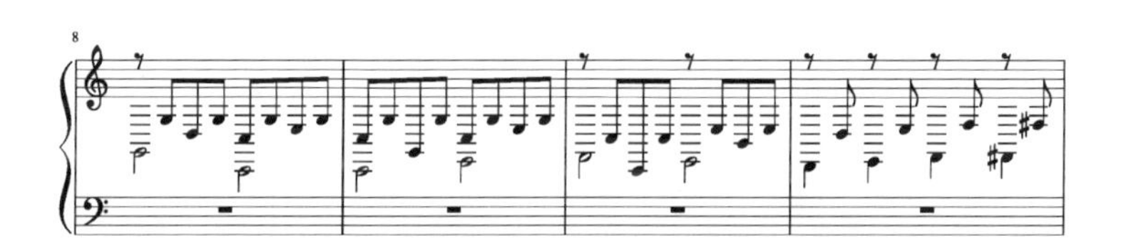

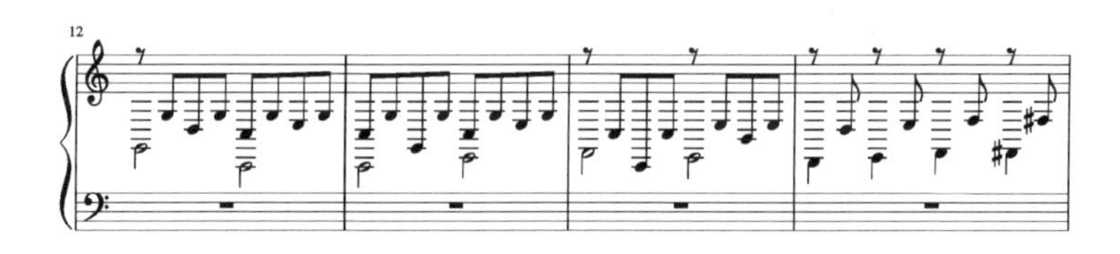

Pronto encontraremos a Sol

Tonalidad: La Menor

Arnol Izaguirre

Yo prometo

Tonalidad: Fa# Mayor

Arnol Izaguirre